누구나 읽을 수 있는

유클리드

기하학
원론 III

누구나 읽을 수 있는 유클리드 기하학원론 III

초판발행   2023년 7월 1일

저   자   정완상 지음
펴 낸 곳   지오북스
물   류   경기도 파주시 상골길 339 (맥금동 557-24) 고려출판물류 內 지오북스
등   록   2016년 3월 7일 제395-2016-000014호
전   화   02)381-0706 | 팩스 02)371-0706
이 메 일   emotion-books@naver.com
홈페이지   www.geobooks.co.kr
정   가   15,000원
I S B N   979-11-91346-63-3

이 책은 저작권법으로 보호받는 저작물입니다.
이 책의 내용을 전부 또는 일부를 무단으로 전재하거나 복제할 수 없습니다.
파본이나 잘못된 책은 바꿔드립니다.

목 차

제10권 무리수   03

    10-1 유리수와 비례식   09

    10-2 바른수와 중용수   15

제11권 공간기하   29

    11-1 공간도형의 성질   29

    11-2 공간도형의 부피   45

제12권 소진법   63

제13권 황금분할과 정다면체   77

    13-1 황금분할   77

    13-2 정다면체   95

누구나 읽을 수 있는
유클리드 기하학원론 Ⅲ

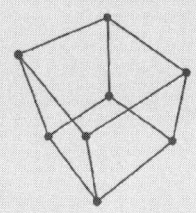

제10권
무리수

유리수는 분모와 분자가 정수인 분수로 나타낼 수 있는 수를 말한다. 그렇다면 이렇게 나타낼 수 없는 수도 있을까? 물론이다. 분모와 분자가 정수인 분수로 나타낼 수 없는 수를 무리수라고 부른다. 예를 들어 제곱해서 2가 되는 양수는 분수로 나타낼 수 없는데 이 무리수를 $\sqrt{2}$ 라고 쓰고 '루트 2'라고 읽는다.

$\sqrt{2}$ 의 발견은 놀랍게도 지금으로부터 약 6천 년 전인 기원전 4천년 경에 바빌로니아 사람들에 의해 이루어졌다. 바빌로니아 사람들은 한 변의 길이가 1인 정사각형의 대각선의 길이가 $\sqrt{2}$ 임을 알고 있었다. 그들은 피타고라스보다 훨씬 오래전에 피타고라스 정리를 알고 있었는데 그들은 제곱을 해서 2가 되는 수를 찾기 위해 다음과 같이 시도했다.

우선 1의 제곱은 1이고 2의 제곱은 4이다. 그러므로 $\sqrt{2}$는 1과 2 사이의 수이다. 그들은 1과 2의 평균인 $\frac{3}{2}=1.5$를 생각했다. 만일 1.5가 $\sqrt{2}$라면 2를 1.5로 나눈 값이 1.5가 되어야 한다. 하지만 2를 1.5로 나누면 $\frac{4}{3}=1.333\cdots$이 된다. 그러므로 $\sqrt{2}$는 1과 1.5 사이의 수가 되어야 한다. 이번에는 $\frac{4}{3}$과 $\frac{3}{2}$의 평균인 $\frac{17}{12}$를 새로운 $\sqrt{2}$의 후보로 택한다. $\frac{17}{12}$가 $\sqrt{2}$이라면 2를 $\frac{17}{12}$로 나누면 다시 $\frac{17}{12}$가 되어야 한다. 그러나 실제로 2를 $\frac{17}{12}$로 나누면 $\frac{24}{17}=1.41176\cdots$이 된다. 그러므로 $\sqrt{2}$는 $\frac{24}{17}$과 $\frac{17}{12}$ 사이의 수이어야 한다. 이런 식으로 하여 바빌로니아 사람들은 $\sqrt{2}$의 근삿값을 분수로 나타낼 수 있었다. 그들이 찾아낸 $\sqrt{2}$의 근삿값을 분수로 나타내면

$$1+\frac{24}{60}+\frac{51}{60^2}+\frac{10}{60^3}+\cdots = 1.41421296296\cdots$$

이다.

다음 사진은 바빌로니아의 점토판에 새겨진 $\sqrt{2}$의 근삿값이다. 그들은 60진법을 사용했으므로 한 변의 길이가 1인 정사각형의 대각선에 1, 24, 51, 10이 바빌로니아숫자로 표현되어 있다.

< 바빌로니아의 점토판에 새겨진 $\sqrt{2}$ 의 근삿값>

피타고라스는 유리수의 신봉자였다. 그는 모든 수가 정수의 비로 주어지는 유리수라고 믿었다. 그러므로 모든 길이는 유리수로 나타낼 수 있다는 것이 피타고라스의 강한 믿음이었다. 피타고라스학파의 네 번째 교장인 리시포스가 있을 때 히파소스라는 수학자가 있었다. 그는 정사각형의 대각선의 길이는 정사각형의 한 변의 길이를 잴 수 있는 자로는 정확하게 측량되지 않음을 알아냈다. 즉 그는 정사각형의 한 변의 길이와 대각선의 길이의 비를 유리수로 나타낼 수 없다는 것을 알아낸 것이다. 그는 이 사실을 리시포스 교장에게 알렸다. 리시포스 교장 역시 히파소스와 비슷한 생각을 가지고 있었다. 하지만 피타고라스 학파에서는 유리수 이외의 수는 금지하기 때문에 리시포스 교장은 히파소스에게 이 내용에 대해 더 이상 연구하지도 말고 지금까지 연구된 내용을 누구에게도 발설하지 말라고 당부했다.

하지만 히파수스는 리시포스 교장을 말을 듣지 않았다. 그는 수 많은 고민 끝에 사람들에게 진실을 알려야 한다고 여기고 정사각형의 대각선의 길이는 유리수로 나타낼 수 없다는 것을 사람들에게 알렸다. 이 사실을 전해들은 피타고라스는 학파의 규칙을 어긴 히파소스를 바다 속에 던져 죽여 버렸다. 그 정도로 피타고라스는 무리수처럼 정수의 비로 나타낼 수 없는 수를 싫어했다.

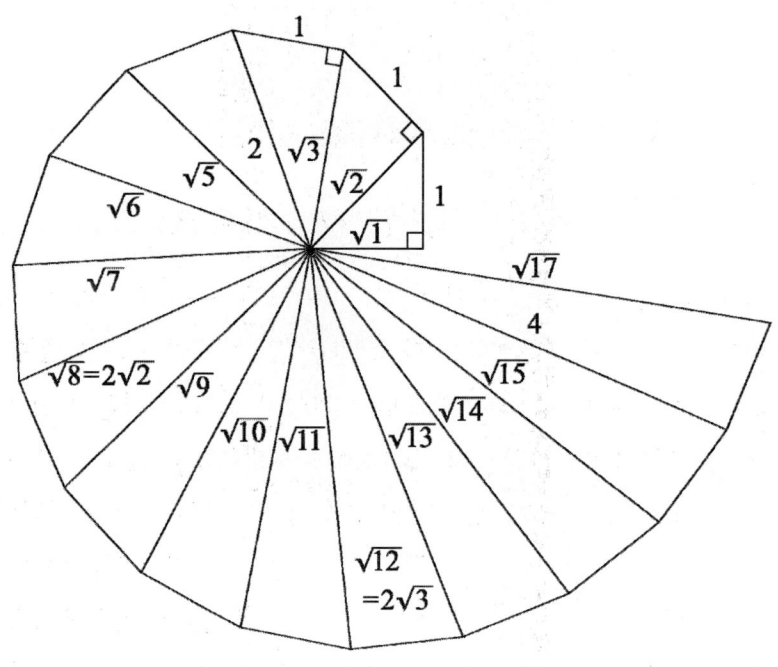

피타고라스의 시대가 끝나고 그리스의 수학자들 사이에서 히파소스가 목숨을 걸고 주장한 무리수 $\sqrt{2}$ 에 대한 관심은 급증했다. 기원전 425년 그리스의 테오도로스는 $\sqrt{2}$ 외에도 $\sqrt{3}, \sqrt{5}, \sqrt{6}, \sqrt{7}, \sqrt{8}, \sqrt{10}, \sqrt{11}, \sqrt{12}, \sqrt{13}, \sqrt{14}, \sqrt{15}, \sqrt{17}$ 이 무리수라는 것을 알아냈다. 그는 이들 제곱근을 이용해 아름다운 나선모양을 만들었다.

그 후 $\sqrt{2}$가 무리수라는 것에 대한 최초의 증명은 유클리드가 쓴 '원론'에 나와 있다. 하지만 이 증명은 아리스토텔레스가 한 증명을 유클리드가 자신의 책에 수록했다는 설이 있다. 그러므로 최초로 증명한 사람이 아리스토텔레스인지 유클리드인지는 정확하게 알려져 있지 않다.

제곱해서 2가 되는 수는 처음 아라비아에서도 radix라고 불렀다. 그러다가 1228년 레오나르도 피사로는 제곱해서 2가 되는 수를 R2라고 썼고 1525년 루돌프(Rudolff, C. ; 1499~1545)는 기호 √을 사용해 이 수를 √2라고 썼다. 여기서 √는 radix의 첫 글자 r에서 나왔다고 한다. √에 가로 막대를 덧붙여 지금과 같은 꼴 √ (루트:root)로 쓰기 시작한 사람은 프랑스의 데카르트(Descartes, R. ; 1596~1650)이다.

<데카르트>

원론의 10권은 무리수에 대한 재미있는 성질들을 담고 있다.

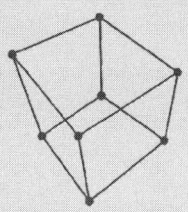
누구나 읽을 수 있는
유클리드 기하학원론 Ⅲ

10-1 유리수와 비례식

[성질 10-1]

두 자연수 a, b가 공약수를 가지면

$$b = ka$$

이고 여기서 k는 유리수이다.

공약수를 c라고 하면

$$a = cm$$
$$b = cn$$

이고 m, n은 자연수이다.

이때

$$b = \frac{n}{m} a$$

이고 $\frac{n}{m}$은 자연수를 자연수로 나눈 값이므로 유리수이다.

> **[성질 10-2]**
>
> $$a : b = m : n \text{이면}$$
>
> $$a^2 : b^2 = m^2 : n^2$$
>
> 이다.

$a : b = m : n$이므로

$$a = mk$$
$$b = nk$$

라 놓을 수 있다.

이때

$$a^2 : b^2 = k^2 m^2 : k^2 n^2 = m^2 : n^2$$

이다.

[성질 10-3]

$a:b=c:d$이고 $b=ka$ (k는 유리수)이면
$d=kc$ 이다.

$a:b=c:d$에 $b=ka$를 넣으면

$$a:ka=1:k=c:d$$

이므로

$$d=kc$$

이다.

[성질 10-4]

$a:b=c:d$이면

$$a^2 : (a^2 - b^2) = c^2 : (c^2 - d^2)$$

이다.

$a:b=c:d$이므로

$$b = ka$$
$$d = kc$$

인 자연수 k가 존재한다.

이때

$$a^2 : (a^2 - b^2) = a^2 : a^2 - k^2 a^2 = 1 : (1 - k^2)$$
$$c^2 : (c^2 - d^2) = c^2 : c^2 - k^2 c^2 = 1 : (1 - k^2)$$

이 되어,

$$a^2 : (a^2 - b^2) = c^2 : (c^2 - d^2)$$

이 성립한다.

누구나 읽을 수 있는
유클리드 기하학원론 Ⅲ

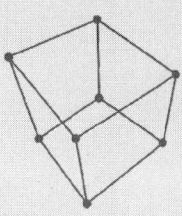

10-2 바른수와 중용수

유클리드는 유리수의 개념을 조금 더 확장해 '바른 수'라는 것을 정의했다. 바른 수란 유리수이거나 유리수와 어떤 유리수의 루트 꼴로 주어진 수를 말한다.

바른수는 다음과 같이 표현된다.

$$k \quad (k는 유리수)$$

$$l\sqrt{m} \quad (l, m은 유리수)$$

일반적으로 위 두 표현은

$$l\sqrt{m}$$

으로 통일해서 쓸 수 있다. 이때 m이 1이면 이 바른수는 유리수가 된다.

[성질 10-5]

두 선분의 길이가 바른 수이고 두 선분의 길이의 비가 유리수일 때 이 두 선분으로 만든 직사각형의 넓이는 바른 수이다.

두 선분의 길이를 a, b라고 하자. 두 선분의 길이의 비가 유리수이므로

$$b = ka$$

라 쓸 수 있다. 여기서 k는 유리수이다. 이 두 선분으로 만든 직사각형의 넓이를 A라고 하면

$$A = ab = ka^2$$

이 된다. a가 바른 수이므로

$$a = l\sqrt{m}$$

이라고 쓰면

$$A = kl^2 m$$

이 되어 유리수가 되므로 바른 수이다.

[성질 10-6]

한 변의 길이가 a인 정사각형과 한 변의 길이가 b인 정사각형을 생각하라. 이때 a,b는 바른 수이다. 이 두 정사각형의 넓이의 비가 유리수이다. 이때 a,b를 가로 세로로 갖는 직사각형의 넓이와 같은 넓이를 갖는 정사각형의 한 변의 길이를 c라고 하자. 이때 c는 바른 수가 아니다.

한 변의 길이가 a인 정사각형과 한 변의 길이가 b인 정사각형의 넓이의 비가 유리수이므로

$$b^2 = ka^2 \quad (k는 \text{ 유리수})$$

라고 놓을 수 있다.
이때

$$b = k^{\frac{1}{2}} u$$

가 된다. a,b를 가로 세로로 갖는 직사각형의 넓이와 같은 넓이를 갖는 정사각형의 한 변의 길이를 c라고 했으므로

$$ab = c^2$$

이 되고,

$$c^2 = k^{\frac{1}{2}} a^2$$

또는

$$c = k^{\frac{1}{4}} a$$

가 된다. 이것은 $l\sqrt{m}$ 의 꼴이 아니므로 바른 수가 아니다.

유클리드는 이 정리에서 나오는 길이 c를 가진 선분은 길이 a, b를 가진 선분들의 중용선분이라고 불렀다. 중용선분의 길이는

$$k^{\frac{1}{4}} \times \text{(바른 수)}$$

의 꼴이 되는 데 유클리드는 이렇게 나타나는 수를 중용수라고 불렀다.

[성질 10-7]

중용수의 유리수 배는 중용수이다.

중용수를

$$k^{\frac{1}{4}} \times a$$

라고 두자. 여기서 a는 바른 수이다. 이 수에 유리수를 곱하면

$$k^{\frac{1}{4}} \times (바른 수)$$

의 꼴이 되므로 중용수가 된다.

[성질 10-8]

한 변의 길이가 중용수인 정사각형의 넓이를 A라고 하자. 이때 넓이가 kA (k는 유리수)인 정사각형의 한 변은 중용선분이다.

넓이가 A인 정사각형의 한 변의 길이를

$$m^{\frac{1}{4}} \times a \quad (m\text{은 유리수이고 } a\text{는 바른 수})$$

라고 두면

$$A = m^{\frac{1}{2}} a^2$$

이 된다. 이때

$$kA = km^{\frac{1}{2}} a^2$$
$$= \left(m^{\frac{1}{4}} \times \sqrt{k}\, a\right)^2$$

이고, $m^{\frac{1}{4}} \times \sqrt{k}\, a$는 $k^{\frac{1}{4}} \times$ (바른 수)의 꼴이 되므로 중용수이다.

[성질 10-9]

> A, B가 중용수일 때 AB도 중용수이다.

A, B가 중용수이므로

$$A = k^{\frac{1}{4}} a$$

$$B = m^{\frac{1}{4}} b$$

라 놓는다. 여기서 k, m은 유리수이고 a, b는 바른 수이다.

이때

$$AB = (km)^{\frac{1}{4}} (ab)$$

이다. km이 유리수이고 ab가 바른수이므로 AB는 중용수이다.

[보조정리] 바른수와 바른수의 곱은 바른수이다.

두 바른수

$$a = l\sqrt{m}$$

과

$$b = l'\sqrt{m'}$$

을 생각하자. 여기서 $l, l' m, m'$은 모두 유리수이다.

이때

$$ab = ll'\sqrt{mm'}$$

이고 유리수와 유리수의 곱은 유리수이므로 ab는 바른수이다.

> **[성질 10-10]**
>
> 한 변의 길이가 a인 정사각형과 한 변의 길이가 b인 정사각형을 생각하라. 이때 a,b는 중용수이다. 이 두 정사각형의 넓이의 비가 유리수이다. 이때 a,b를 가로 세로로 갖는 직사각형의 넓이는 바른수이거나 중용수이다.

두 정사각형의 넓이의 비가 유리수이므로

$$b^2 = ka^2 \ (k\text{는 유리수})$$

가 된다. 즉

$$b = k^{\frac{1}{2}} a$$

a,b가 중용수이므로

$$a = K^{\frac{1}{4}} M$$
$$b = L^{\frac{1}{4}} N$$

이라 놓을 수 있다. 여기서 K, L, M, N은 유리수이다. 이때 a,b를 가로 세로로 갖는 직사각형의 넓이를 A라고 하면

$$A = ab = (KL)^{\frac{1}{4}} MN$$

이 되어 중용수가 된다. 특별히 $KL = S^2$ (S는 유리수)의 꼴이 되는 경우에는

$$A = S^{\frac{1}{2}} MN$$

이 되어 바른수가 된다.

> [성질 10-11]
>
> 한 변의 길이가 a인 정사각형과 한 변의 길이가 b인 정사각형을 생각하라. 이때 a,b는 중용수이다. 이 두 정사각형의 넓이의 차는 바른 수가 아니다.

a,b가 중용수이므로

$$a = K^{\frac{1}{4}} M$$

$$b = L^{\frac{1}{4}} N$$

이라 놓을 수 있다. 여기서 K, L, M, N은 유리수이다. 이때 a, b를 한 변의 길이로 갖는 정사각형의 넓이를 A, B라고 하고 $B > A$라고 하자. 두 정사각형의 넓이의 차는

$$B - A = L^{\frac{1}{2}} N^2 - K^{\frac{1}{2}} M^2$$

이고 이 수는 바른수가 아니다.

[성질 10-12]

$\sqrt{2}$는 무리수이다.

$\sqrt{2}$가 무리수라는 것을 증명한 것은 아리스토텔레스이다. 이 증명을 알아보자.

$\sqrt{2}$가 유리수라고 가정하고, 모순이 생긴다는 것을 보이는 방법으로 증명하자. 모든 유리수는 기약분수로 나타낼 수 있다. 그러므로 $\sqrt{2}$가 유리수라면 다음과 같이 기약분수로 나타낼 수 있어야 한다.

$$\sqrt{2} = \frac{q}{p}$$

여기서 p와 q는 서로 소인 자연수야. 이제 이 식의 양변에 p를 곱하면

$$\sqrt{2} \times p = q$$

가 된다. 이제 양변을 제곱하면

$$(\sqrt{2})^2 \times p^2 = q^2$$

이 된다. 여기서 $(\sqrt{2})^2 = 2$이므로 위 식은 다음과 같이 된다.

$$2 \times p^2 = q^2$$

이 식을 보면 q^2는 p^2의 2배이다. 그러니까 q는 2의 배수가 된다. 왜 그런지 알아보자. 2의 배수는 다음과 같다.

$$2, 4, 6, 8, \cdots$$

각각을 제곱하면 다음과 같다.

$$4, 16, 36, 64, \cdots$$

이렇게 2의 배수의 제곱은 항상 2의 배수가 된다. 일반적으로 증명해보자. 이제 다시 본론으로 들어가자. 이제 q가 2의 배수이므로 q는 2와 어떤 수의 곱으로 나타낼 수 있다.

$$q = 2 \times m$$

이라고 쓸 수 있다. 여기서 m은 자연수이다. 이것을 $2 \times p^2 = q^2$에 넣으면

$$2 \times p^2 = (2 \times m)^2$$

이 된다. 이 식을 정리하면 다음과 같다.

$$p^2 = 2 \times m^2$$

이 된다. 그러므로 p도 2의 배수가 된다. 그러니까 p와 q는 공약수 2를 가지게 된다. 그런데 p와 q는 서로 소라고 했다. 서로 소라는 것은 공약수가 1뿐이라는 것이므로 가정에 모순이 된다. 그러므로 처음 가정이 틀렸다는 것을 말한다. 그러므로 $\sqrt{2}$는 유리수가 아니다. 이 방법으로 아리스토텔레스는 $\sqrt{2}$가 무리수라는 것을 증명했다.

누구나 읽을 수 있는
유클리드 기하학원론 Ⅲ

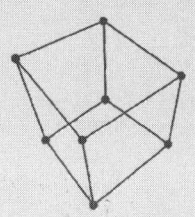

제11권

공간기하

유클리드는 11권에서 공간기하에 대한 많은 성질들을 발견했다. 공간기하란 평면기하를 확장한 개념이다. 공간기하에서는 점, 직선, 평면 사이의 관계를 다룬다. 상당히 방대한 분량이므로 일반인들이 꼭 알아야 할 정리들만 모아 유클리드가 어떻게 증명했는가를 살펴보자.

11-1 공간도형의 성질

[성질 11-1]

서로 만나는 두 직선은 한 평면에 놓인다. 세 직선이 모두 서로 만나면 이들은 한 평면에 놓인다.

세 직선 PQ, RS, XY가 서로 만나며 이들의 교점이 A, B, C라고 하자.

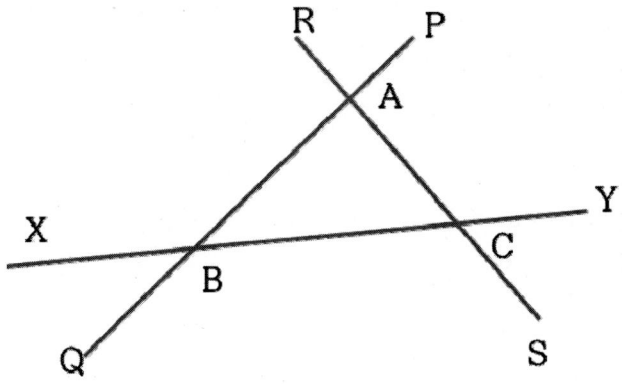

직선 PQ가 어떤 평면에 있다고 하자. 이 평면을 회전시켜 점 C를 평면이 포함하게 만들 수 있다. 그러면 점 A와 점 C는 같은 평면에 놓이게 되고, 선분 AC역시 같은 평면에 놓인다. 그러므로 직선 RS는 같은 평면에 놓이게 된다. 같은 방법으로 직선 XY도 같은 평면에 놓이게 된다. 즉, 세 직선 PQ, RS, XY는 같은 평면위에 있다.

[성질 11-2]

두 평면이 서로 만나면 두 평면의 공통부분은 직선이다.

다음 그림을 보라.

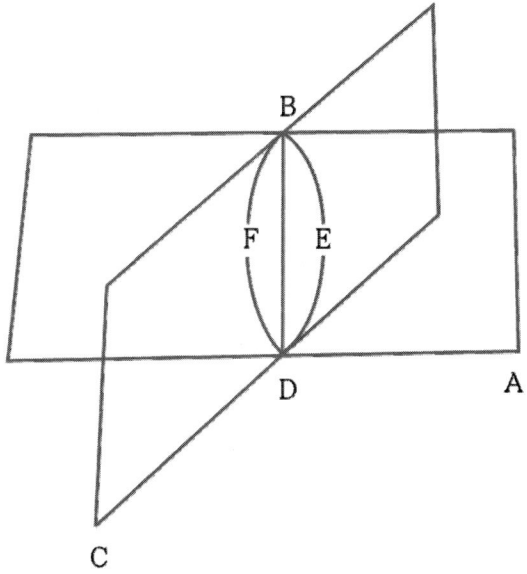

평면 AB와 평면 BC의 공통부분은 BD이다. 이제 BD가 직선임을 보이면 된다. 만일 BD가 직선이 아니라면 점 B와 평면 AB 위의 점 E와 점 D를 잇는 선을 평면 AB 위에 그려라. 마찬가지로 점 B와 평면 BC 위의 점 F와 점 D를 잇는 선을 평면 BC 위에 그려라. 이 두 선은 양 끝점이 B와 D이지만 이들은 어떤 넓이를 감싸고 있다. 하지만 이것은 불가능하므로 이 두 선은 직선이 아니다. 그러므로 BD는 직선이다.

[성질 11-3]

두 직선이 서로 만날 때 두 직선의 교점에서 두 직선에 수직인 직선을 그리면 이 직선은 두 직선이 만드는 평면에 수직이다.

다음 그림을 보자.

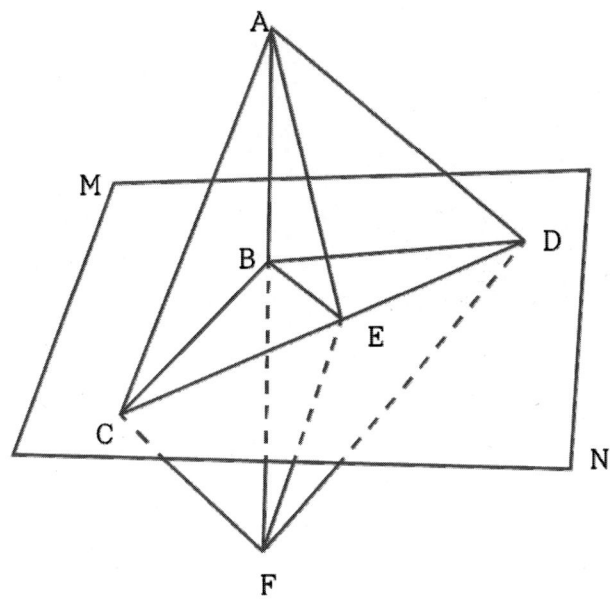

평면 MN에 놓인 두 직선 BC, BD의 교점은 B이다. 이 점을 지나고 두 직선 BC, BD에 수직이 되도록 선분 AB를 만들었다. 선분 CD의 중점 E를 택하라.

이제 삼각형 ACD를 보자.

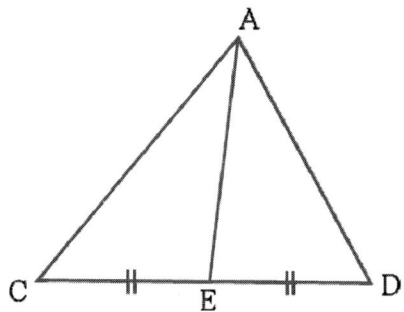

이 삼각형에서

$$AC^2 + AD^2 = 2AE^2 + 2ED^2$$

이 성립한다. 이것을 먼저 증명해보자. 다음과 같이 좌표축을 도입하자.

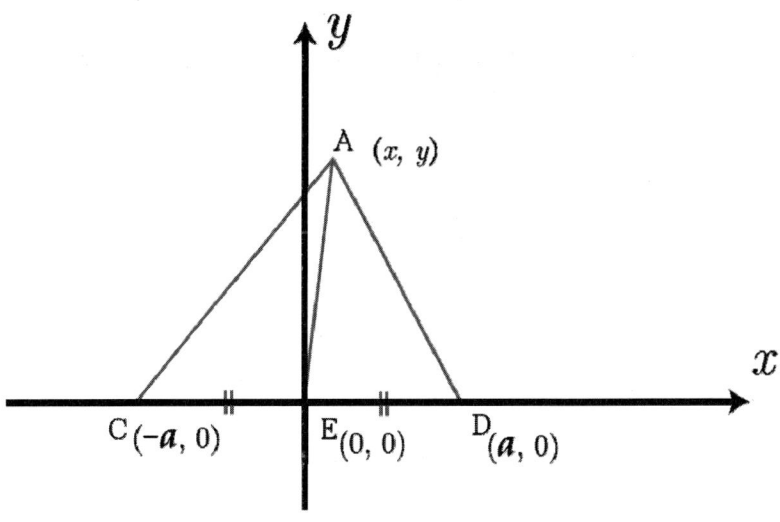

이때

$$AC^2 = (x+a)^2 + y^2$$
$$AD^2 = (x-a)^2 + y^2$$

이므로

$$AC^2 + AD^2 = 2(x^2 + y^2 + a^2)$$
$$= 2AE^2 + 2ED^2 \quad (1)$$

이 성립한다. 마찬가지로 삼각형 BCD에서

$$BC^2 + BD^2 = 2BE^2 + 2ED^2 \quad (2)$$

이 된다. 식(1)에서 식(2)을 빼면

$$AC^2 - BC^2 + AD^2 - BD^2 = 2AE^2 - 2BE^2 \quad (3)$$

이 된다. 삼각형 ABC와 삼각형 ABD가 직각삼각형이므로 피타고라스 정리를 쓰면 식(3)은

$$AB^2 + AB^2 = 2AE^2 - 2BE^2$$

또는

$$AE^2 = AB^2 + BE^2$$

이 된다. 그러므로

$$AB \perp BE$$

이다.

[성질 11-4]

두 직선이 같은 평면에 대해 수직이면 두 직선은 서로 평행하다.

다음 그림을 보자.

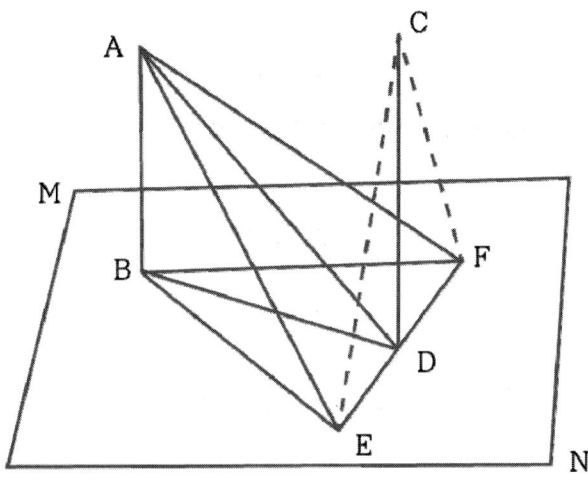

AB와 CD는 평면 MN에 수직이다. 여기서 점 B, D는 평면 MN 위에 있다. 선분 BD는 평면 MN 위에 있으므로

$$AB \perp BD$$

이고

$$CD \perp BD$$

이다. 이제 BD와 수직인 선분 EF를

$$ED = DF$$

가 되도록 그려라.

삼각형 BDE와 삼각형 BDF는 합동이므로

$$BE = BF$$

이다. 마찬가지로 삼각형 ABE와 삼각형 ABF가 합동이므로

$$AE = AF$$

이다. 이때

$$\angle ADE = \angle ADF$$

이므로

$$ED \perp AD$$

이다. ED는 BD, AD, CD와 수직으로 만나므로 CD는 AD와 BD가 만드는 평면 위에 있고, [성질 11-1]에 의해 AB도 AD와 BD가 만드는 평면 위에 있다. 따라서 AB와 CD는 같은 평면 위에 있다. 각 ABD와 각 CDB가 직각이므로 AB와 CD는 평행하다.

[성질 11-5]

평면 밖의 한 점에서 평면으로의 수선을 그리는 방법을 찾아라.

다음 그림과 같이 평면 밖의 한 점을 A라고 하자.

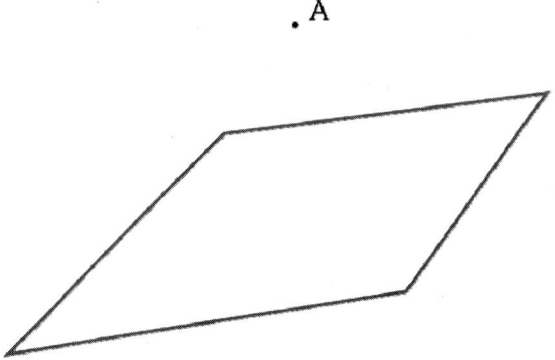

이제 평면 위에 직선 BC를 그려라.

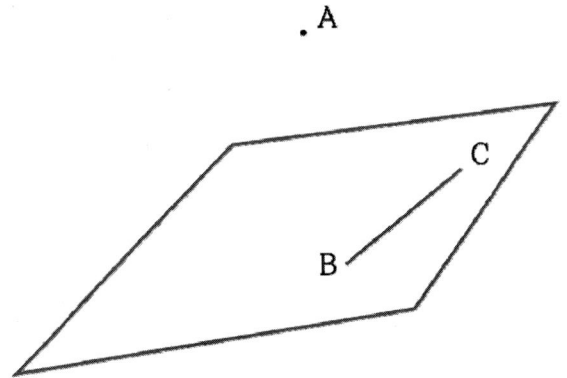

점 A에서 선분 BC로의 수선의 발을 D라고 하자.

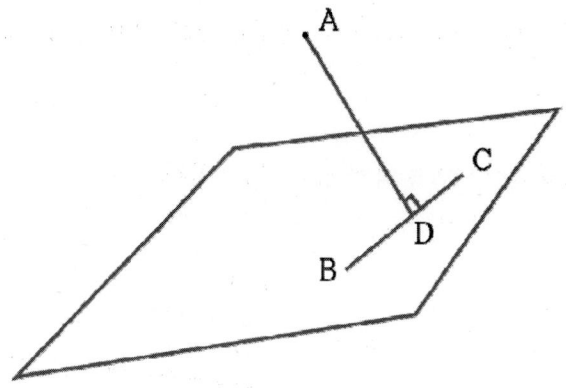

BC에 수직이면서 평면에 놓이는 직선 DE를 그리고 A에서 직선 DE의 수선의 발을 F라고 하자.

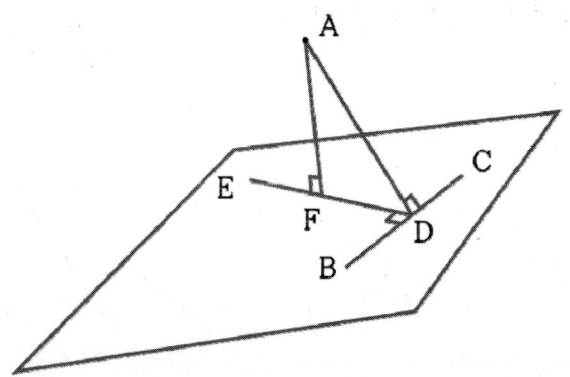

F를 지나면서 BC에 평행한 직선 GH를 그려라.

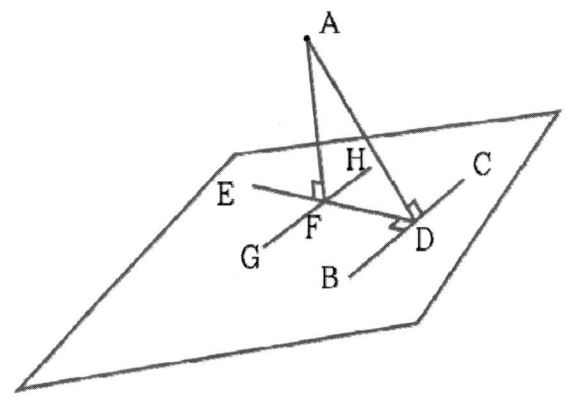

$$BC \perp DA$$
$$BC \perp DE$$

이므로

BC는 DA, DE가 만드는 평면에 수직이다. GH와 BC가 평행이고 평행한 두 직선 중 어느 하나가 평면에 수직이면 나머지 하나의 직선도 그 평면에 수직이므로 GH도 DA, DE가 만드는 평면에 수직이다. 따라서 GH는 DA, DE가 만드는 평면에 놓이는 직선 중 GH와 만나는 직선과 수직이다. AF는 DA, DE가 만드는 평면에 놓여 있고 GH와 만나므로

$$AF \perp GH$$

AF는 DE와 수직이고 동시에 GH와 수직이므로 AF는 두 직선 DE와 GH가 만드는 평면에 수직이다. 따라서 AF는 평면 밖의 점 A에서 평면으로의 수선이 되고 F는 수선의 발이 된다.

[성질 11-6]

주어진 평면 위의 한 점 A에서 평면에 수직인 직선은 유일함을 보여라.

주어진 평면 위의 한 점 A를 다음과 같이 그리자.

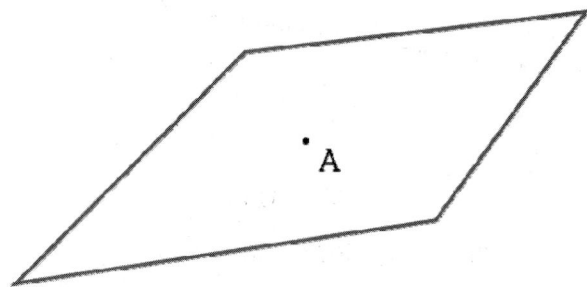

점 A에서 평면에 수직인 직선이 다음 그림과 같이 두 개 (AB와 AC) 생긴다고 하자.

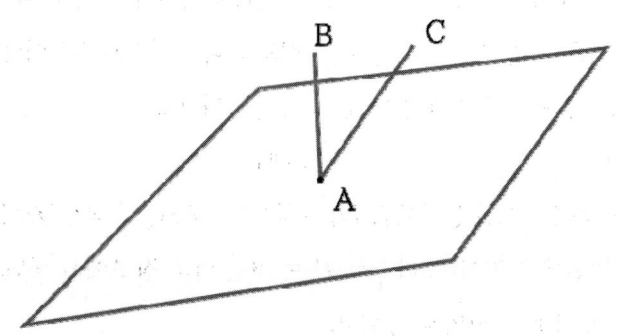

이때 AB와 AC를 포함하는 평면이 정의된다. 이 평면과 주어진 평면의 교선을 다음 그림과 같이 DE로 나타내자.

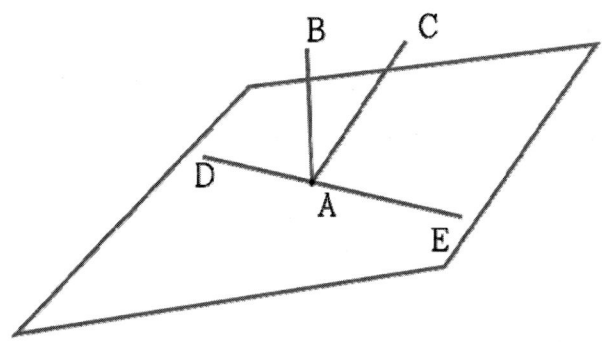

이때 세 직선 AB, AC, DE는 같은 평면에 놓이게 된다. 정의에 의해

$$\angle \text{CAE} = 직각$$

$$\angle \text{BAE} = 직각$$

가 된다. 이것은 두 점 B와 C가 일치할 때만 가능하다. 그런데 B와 C는 다르다고 했으므로 모순이 생긴다. 그러므로 주어진 평면 위의 한 점 A에서 평면에 수직인 직선은 유일하다.

[성질 11-7]

두 평면이 한 직선이 수직이면 두 평면은 평행하다.

두 평면을 α, β라고 하고 평면 α 위의 한 점 A와 평면 β위의 한 점 B를 택해서 선분 AB가 두 평면에 수직이 되도록 해라.

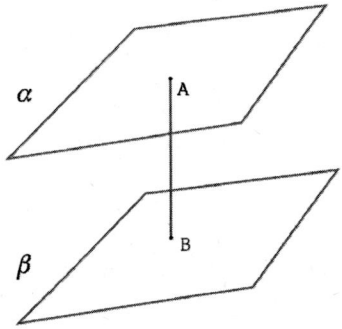

만일 두 평면이 평행하지 않으면 두 평면은 만나게 되고 교선이 생긴다. 그 교선을 GH라고 하자.

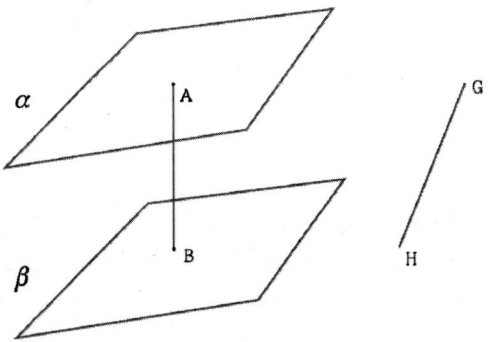

이제 GH 위의 한 점 K와 A, B를 연결한 삼각형을 그려라.

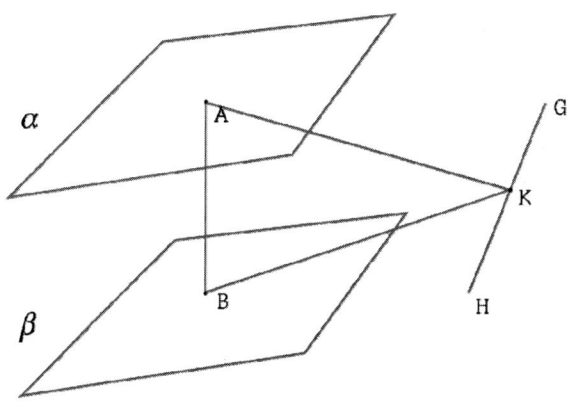

이때 선분 AK는 평면 α 위에 있고 선분 BK는 평면 β 위에 있다. 그러므로

∠ BAK =직각

∠ ABK =직각

가 된다. ∠ BAK와 ∠ ABK은 삼각형 ABK의 두 내각이므로 둘 다 직각이 될 수 없다. 그러므로 모순이 발생한다. 그러므로 두 평면이 한 직선이 수직이면 두 평면은 평행하다.

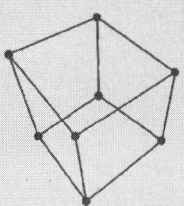

누구나 읽을 수 있는
유클리드 기하학원론Ⅲ

11-2 공간도형의 부피

공간도형은 흔히 입체도형이라고 부른다. 대표적인 입체도형으로는 다음과 같은 것들이 있다.

■ 직육면체

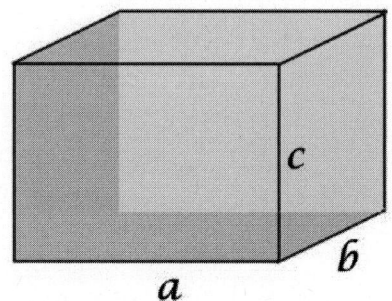

세 변의 길이가 a, b, c인 직육면체의 부피 V는

$$V = abc$$

이다. 직육면체 중 $a = b = c$인 것을 정육면체라고 부른다. 정육면체의 부피 V는

$$V = a^3$$

이다.

■ 각기둥

입체도형 중에서 윗면과 아랫면이 평행이고 합동인 다각형으로 이루어진 입체도형을 각기둥이라고 한다.

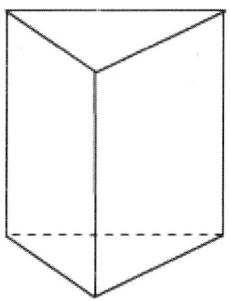

[삼각기둥]

밑면의 모양이 삼각형인 각기둥은 삼각기둥, 사각형인 것은 사각기둥, 오각형인 것은 오각기둥 등으로 부른다. 각기둥에서 평행인 두 면을 옆면이라고 하고 밑면에 수직인 면을 옆면이라고 한다. 각기둥의 옆면은 직사각형이다. 각기둥에서 면과 면이 만나는 선을 모서리라고 하고 모서리와 모서리가 만나는 점을 꼭짓점이라고 하고 두 밑면 사이의 거리를 높이라고 한다.

밑면의 모양이 n각형일 때 n각 기둥이라고 부른다. n각 기둥은 밑면이 2개, 옆면이 n개이므로 면의 개수는 $(n+2)$개다. n각 기둥은 위에 있는 밑면에 n개의 모서리가 있고 아래에 있는 밑면에 n개의 모서리가 있고 옆면에 n개의 모서리가 있다. 그러므로 n각 기둥의 모서리의 개수는 $3 \times n$(개)이다.

n각기둥의 꼭짓점은 위에 있는 밑면에 n개, 아래에 있는 밑면에 n개 있으므로 전체 꼭짓점의 수는 밑면의 변의 수의 2배가 된다. 그러므로 n각기둥의 꼭짓점의 수는 $2 \times n$ (개)이다.

n각기둥의 밑면의 넓이를 A, 높이를 h라고 하면 n각기둥의 부피 V는

$$V = A \times h$$

가 된다.

■ 각뿔

아래 그림처럼 밑면은 다각형이고 옆면은 모두 삼각형인 입체도형을 각뿔이라고 부른다.

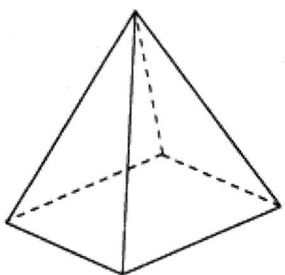

[사각뿔]

각뿔에서 면과 면이 만나는 선을 모서리라고 하고 모서리와 모서리가 만나는 점을 꼭짓점이라고 부른다. 옆면을 이루는 모든 삼각형의 공통인 꼭짓점을 각뿔의 꼭짓점이라고 부른다. 또한 각뿔의 꼭짓점에서 밑면에 수직인 선분의 길이를 각뿔의 높이라고 부른다. 각뿔은 밑면이 삼각형이면 삼각뿔, 사각형이면 사각뿔, 오각형이면 오각뿔 등으로 부른다.

일반적으로 밑면이 n각형일 때 이 각뿔을 n각뿔이라고 부른다. n각뿔의 밑면의 개수는 1개이고 옆면은 n개의 삼각형으로 이루어져 있으니까, n각뿔의 면의 개수는 $(n+1)$개다. 그러므로 n각뿔은 $(n+1)$면체이다.

n각뿔은 $(n+1)$면체이니까 면의 개수는 $(n+1)$개이다. 그리고 꼭짓점은

밑변에 n개와 꼭짓점에 1개가 있으니까 $(n+1)$개다. 모서리는 밑변에 n개이고 밑변의 각 꼭짓점과 n각뿔의 꼭짓점을 이은 모서리가 n개 생기니까 모두 합쳐 $2 \times n$ 개다.

n각뿔의 밑면의 넓이를 A, 높이를 h라고 하면 부피 V는

$$V = \frac{1}{3} \times A \times h$$

이다.

■ 구

공간의 한 점에서 같은 거리에 있는 점들의 모임을 구라고 한다. 이때 한 점을 구의 중심이라고 하고 같은 거리를 반지름이라고 한다.

반지름이 R인 구의 부피 V는

$$V = \frac{4}{3} \times \pi \times R^3$$

이다.

[성질 11-8]

각뿔의 부피는 각기둥의 부피의 $\frac{1}{3}$배이다.

각기둥의 부피는 (높이)×(밑넓이)인데 왜 각뿔의 부피는 $\frac{1}{3}$×(높이)×(밑넓이)가 되는지 그 이유를 간단하게 알아보자. 가장 간단한 각기둥으로 정육면체를 생각하자. 정육면체는 밑면이 정사각형이고 높이가 정사각형의 한 변의 길이와 같은 사각기둥이다.

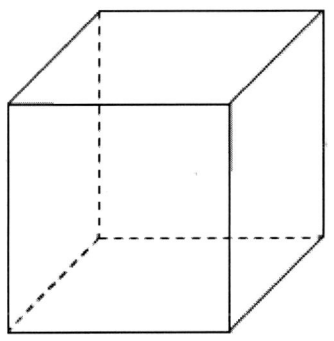

정육면체의 한 변의 길이를 a라고 하자. 이때 정육면체의 부피는 a^3이다. 이제 정육면체의 중심과 8개의 꼭지점을 연결해보자.

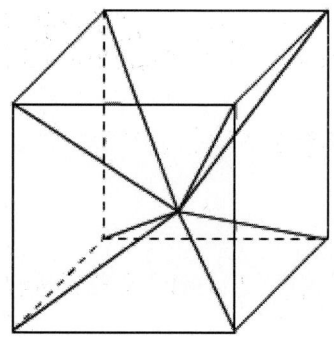

이때 여섯 개의 사각뿔이 만들어진다. 가장 아래쪽에 있는 사각뿔을 그려보면 다음과 같다.

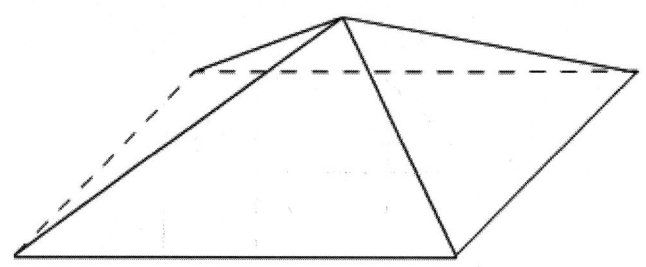

이 사각뿔의 높이를 h라고 하면 $h = \dfrac{a}{2}$ 이다. 그리고 밑넓이는 정사각형의 넓이인 a^2 이다. 정육면체의 부피는 사각뿔의 부피의 6배이니까 사각뿔의 부피를 V라고 하면

$$a^3 = 6 \times V$$

이다. 그러므로

$$V = \frac{1}{6} \times a^3$$

이 되고 이 식은

$$V = \frac{1}{3} \times a^2 \times \frac{1}{2}a$$

라고 쓸 수 있다. 여기서 a^2은 사각뿔의 밑넓이 A이고 $\frac{1}{2}a$는 사각뿔의 높이 h이므로

$$V = \frac{1}{3} \times A \times h$$

가 된다.

> [성질 11-9]
>
> 밑면과 윗면이 모두 정사각형인 사각뿔대를 정사각뿔대라고 부른다. 윗면의 한 변의 길이가 b이고 밑면의 한 변의 길이가 a이며, 높이가 h인 정사각뿔대의 부피 V는
>
> $$V = \frac{1}{3}h(a^2 + ab + b^2)$$
>
> 이다.

다음과 같은 정사각뿔대를 보자.

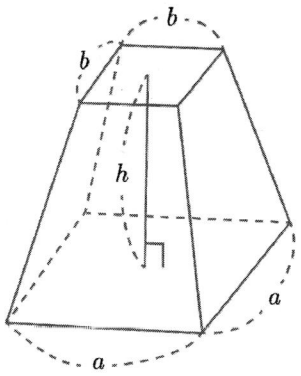

정사각뿔대의 공식에서 윗면의 한 변의 길이가 0이 되면 ($b=0$이면) 정사각뿔의 부피 공식

$$\frac{1}{3}ha^2$$

이 나온다. 정사각뿔대를 옆에서 본 그림을 생각하자.

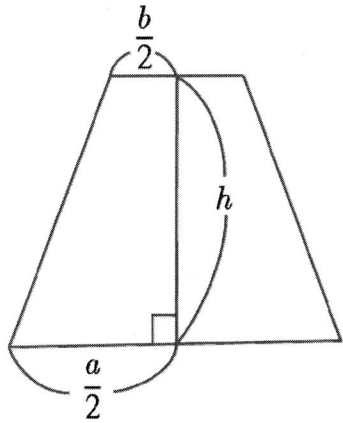

정사각뿔대는 정사각뿔을 자른 것이므로 정사각뿔을 옆에서 보면 다음과 같다.

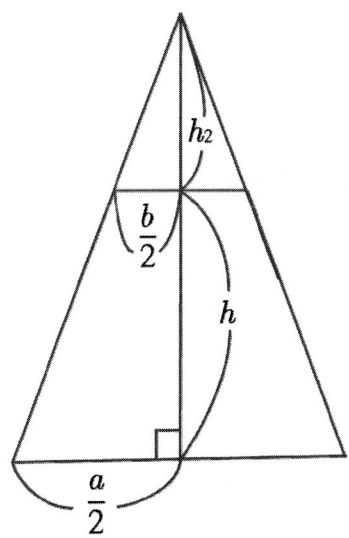

그러므로 정사각뿔대의 부피는 높이가 $h+h_2$ 이고 밑면의 넓이가 a^2 인 정사각뿔의 부피에서 높이가 h_2 이고 밑면의 넓이가 b^2 인 정사각뿔의 부피를 빼면 된다. 그러므로 정사각뿔대의 부피 V는

$$V = \frac{1}{3}(h+h_2)a^2 - \frac{1}{3}h_2 b^2$$

이 된다. h_2를 구하기 위해 삼각형의 닮음의 성질을 이용하자. 위 그림에서 작은 직각삼각형과 큰 직각삼각형은 닮음이므로

$$h_2 : h_2 + h = \frac{b}{2} : \frac{a}{2} \quad (1)$$

가 된다. 이 식을 풀면

$$h_2 = \frac{bh}{a-b} \quad (2)$$

가 된다. 식 (2)를 식 (1)에 넣으면

$$V = \frac{h}{3(a-b)}(a^3 - b^3)$$

이 된다. 인수분해 공식

$$a^3 - b^3 = (a-b)(a^2 + ab + b^2)$$

을 이용하면,

$$V = \frac{1}{3}h(a^2 + ab + b^2)$$

이 된다.

[성질 11-10]

윗면의 넓이가 B, 아랫면의 넓이 A이고 윗면과 아랫면에서 거리가 같은 단면의 넓이가 C이고 윗면과 아랫면 사이의 거리(입체의 높이)가 h인 정사각뿔대의 부피는

$$V = \frac{A+4C+B}{6} \times h$$

이다.

윗면의 한 변의 길이를 b, 아랫면의 한 변의 길이를 a라고 하자. 그리고 윗면과 아랫면으로부터 같은 거리에 있는 정사각형의 한 변의 길이를 c라고 하면

$$A = a^2$$
$$B = b^2$$
$$C = c^2$$

이다. 정리 11-9의 증명과정에 있는 그림으로부터 다음 그림을 그릴 수 있다.

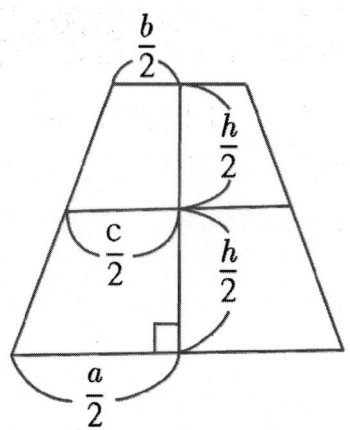

이제 다음 그림과 같은 사각뿔의 단면을 그려보자.

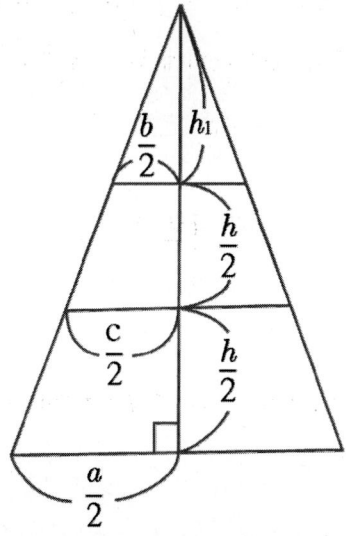

사각뿔의 높이는 $h_1 + h$이다. 이때 닮음으로부터

$$h_1 : \frac{b}{2} = h_1 + \frac{h}{2} : \frac{c}{2} \quad (1)$$

$$h_1 : \frac{b}{2} = h_1 + h : \frac{a}{2} \quad (2)$$

가 된다. 이 두 식은 다음과 같다.

$$\frac{b}{2}\left(h_1 + \frac{h}{2}\right) = \frac{c}{2} h_1 \quad (3)$$

$$\frac{b}{2}(h_1 + h) = \frac{a}{2} h_1 \quad (4)$$

(4)에서

$$h_1 = \frac{b}{a-b} h$$

가 되므로

$$c = \frac{a+b}{2}$$

가 된다. 이때

$$V = \frac{h}{3}(A + B + \sqrt{AB})$$

$$= \frac{h}{6}(A + B + 4C)$$

가 된다. 일반적으로 이 식은 단면이 모두 닮은 평면도형인 입체도형의 부피를 구하는 공식이다. 윗면의 넓이를 A, 아랫면의 넓이를 B라고 하고, 윗면과 아랫면에서 거리가 같은 단면의 넓이를 C라고 하고 윗면과 아랫면 사이의 거리(입체의 높이)를 h라고 하면 이 입체도형의 부피 역시

$$V = \frac{h}{6}(A+B+4C)$$

가 된다.

[성질 11-11]

반지름이 R인 구의 부피는

$$V = \frac{4}{3}\pi R^3$$

구는 다음과 같은 그림으로 볼 수 있다.

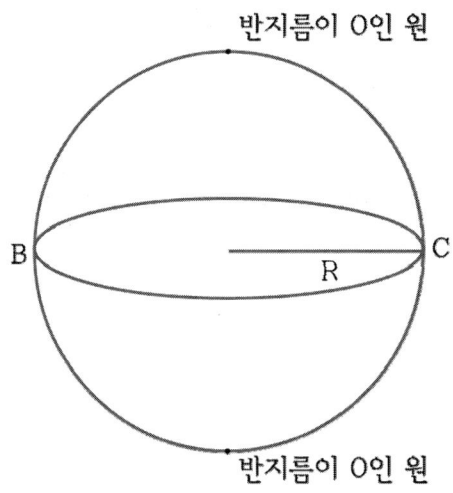

세 개의 닮음인 면을 앞 그림과 같이 택하면

$$A = 0$$
$$B = 0$$

이고

$$C = \pi R^2$$

이다. 이때 높이는

$$h = 2R$$

이므로

$$V = \frac{1}{6}(0 + 0 + 4 \times \pi R^2) \times 2R = \frac{4}{3}\pi R^3$$

이 된다.

누구나 읽을 수 있는
유클리드 기하학원론 Ⅲ

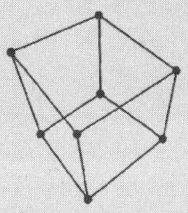

제12권

소진법

소진법은 일종의 극한의 개념으로 아르키메데스가 연구한 일을 유클리드는 13권에서 정리했다. 기원전 225년 경 아르키메데스는 <원의 측정>이라는 제목의 짧은 논문을 썼는데 이 논문에서 원의 넓이와 원주율에 대해 다루었다. 원주율은 원주(원의 둘레의 길이)와 지름의 비 값이다. 원주율은 고대 이집트나 메소포타미아 사람들도 알고 있었다. 그들은 수레바퀴를 한 바퀴 굴러가게 했을 때 그 지나간 길이가 바퀴의 둘레라는 사실로부터 바퀴가 크던 작던 둘레의 길이는 바퀴의 지름의 길이에 어떤 일정한 수를 곱한 값으로 나타난다는 사실을 알아냈다. 그리고 그 일정한 값을 원주율이라고 불렀다. 물론 그리스 시대에는 원주율을 π라는 용어를 사용하지 않았다. 영국의 존스(William Jones 1675 -1749)가 1706년에 π를 처음 사용했다.

> There are various other ways of finding the *Lengths*, or *Areas* of particular *Curve Lines*, or *Planes*, which may very much facilitate the Practice; as for Instance, in the *Circle*, the Diameter is to Circumference as 1 to
>
> $$\overline{\frac{16}{5} - \frac{4}{239}} - \tfrac{1}{3}\overline{\frac{16}{5^3} - \frac{4}{239^3}} + \tfrac{1}{5}\overline{\frac{16}{5^5} - \frac{4}{239^5}} -, \&c. =$$
>
> 3.14159, &c. $= \pi$. This *Series* (among others for the same purpose, and drawn from the same Principle) I receiv'd from the Excellent Analyst, and my much Esteem'd Friend Mr. *John Machin*; and by means thereof, *Van Ceulen*'s Number, or that in Art. 64. 38. may be Examin'd with all desireable Ease and Dispatch.

둘레는 영어로 perimeter이다.

이것의 그리스어는 페리메트로스(περίμετρος)인데, 그 첫 글자를 따서 π라고 이름을 붙이게 된 것이다. 그리스 사람들의 π의 정의는

$$\pi = \frac{\text{원주}}{\text{지름}}$$

이다. 즉, 지름이 d인 원의 원주를 L이라고 하면

$$L = \pi d$$

가 되고, 원의 반지름을 r이라고 하면 $d = 2r$이니까

$$L = 2\pi r$$

이 된다. 아르키메데스는 원의 넓이에 대한 체계적인 연구를 했다. 그는 정다각형이 원과 비슷한 모양이고 정다각형의 변이 점점 많아질수록 원에

더 가까운 모양이 된다고 생각했다. 유클리드는 이런 방법을 소진법이라고 불렀다. 이제 아르키메데스가 원의 넓이를 구한 방법을 알아보자. 다음 그림과 같은 정팔각형을 보자.

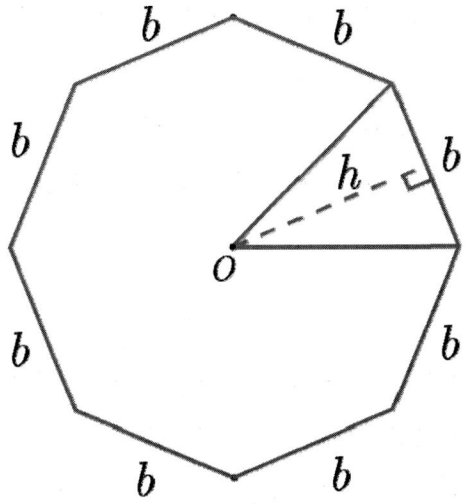

위 그림처럼 정팔각형의 넓이는 8개의 이등변 삼각형의 넓이의 합이다. 이등변삼각형 하나의 넓이는

$$\frac{1}{2}bh$$

가 된다. 그러니까 정팔각형의 넓이를 A라고 하면,

$$A = \frac{1}{2}bh + \frac{1}{2}bh + \frac{1}{2}bh + \frac{1}{2}bh + \frac{1}{2}bh + \frac{1}{2}bh + \frac{1}{2}bh + \frac{1}{2}bh$$
$$= \frac{1}{2}h(b+b+b+b+b+b+b+b)$$

가 된다. 여기서 정팔각형의 둘레의 길이를 L이라고 하면,

$$L = b+b+b+b+b+b+b+b$$

이 된다. 그러므로 정팔각형의 넓이와 둘레와의 관계는

$$A = \frac{1}{2}hL$$

이 된다. 아르키메데스는 무한히 많은 변을 가진 정다각형을 생각해도 이 관계가 성립한다고 생각했다. 그리고 무한히 많은 변을 가진 정다각형을 원이라고 생각할 수 있다고 생각했다. 이때 h는 원의 반지름 r이 되고 $L = 2\pi r$이 되니까 원의 넓이는

$$A = \frac{1}{2}r \times 2\pi r = \pi r^2$$

이 된다. 아르키메데스는 원을 정다각형에서 변의 개수가 무한개가 되는 극한으로 생각한 것이다. 이러한 극한의 개념은 훗날 뉴턴과 라이프니츠에 의해 도입되는데 그 보다 거의 2천여년 전에 아르키메데스는 극한의 개념과 무한대의 개념을 알고 있었던 셈이다.

아르키메데스는 원주율 π의 값을 구하기 위해 원에 내접하는 정다각형과

외접하는 정다각형의 생각했다. 다음처럼 원에 내접하는 정사각형과 외접하는 정사각형을 그려보자.

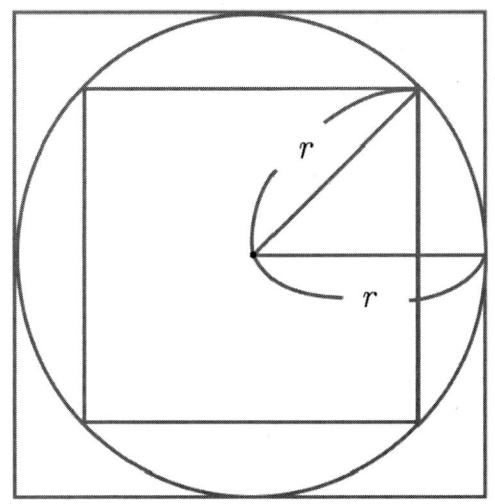

그러면 다음과 같은 부등식이 성립한다.

(내접정사각형 넓이) $< \pi r^2 <$ (외접정사각형 넓이)

외접정사각형의 한변의 길이는 $2r$이므로

(외접정사각형 넓이) $= (2r)^2 = 4r^2$

이 된다. 내접 정사각형의 한 변의 길이는

$$2 \times \frac{r}{\sqrt{2}} = \sqrt{2}\,r$$

가 되므로

$$(\text{내접정사각형 넓이}) = (\sqrt{2}\,r)^2 = 2r^2$$

이 된다. 그러니까 부등식은

$$2r^2 < \pi r^2 < 4r^2$$

이 되어,

$$2 < \pi < 4$$

가 된다. 아르키메데스는 이 방법을 정육각형, 정십이각형, 정이십사각형, 정사십팔각형, 정구십육각형까지 적용했다.

그 결과 아르키메데스는 다음과 같은 부등식을 얻었다.

$$3\frac{10}{71} < \pi < 3\frac{1}{7}$$

이것을 소수로 고쳐쓰면

$$3.1408\cdots < \pi < 3.1428\cdots$$

이 되어, 현재의 원주율 3.141592…는 바로 이 범위 안에 있다.

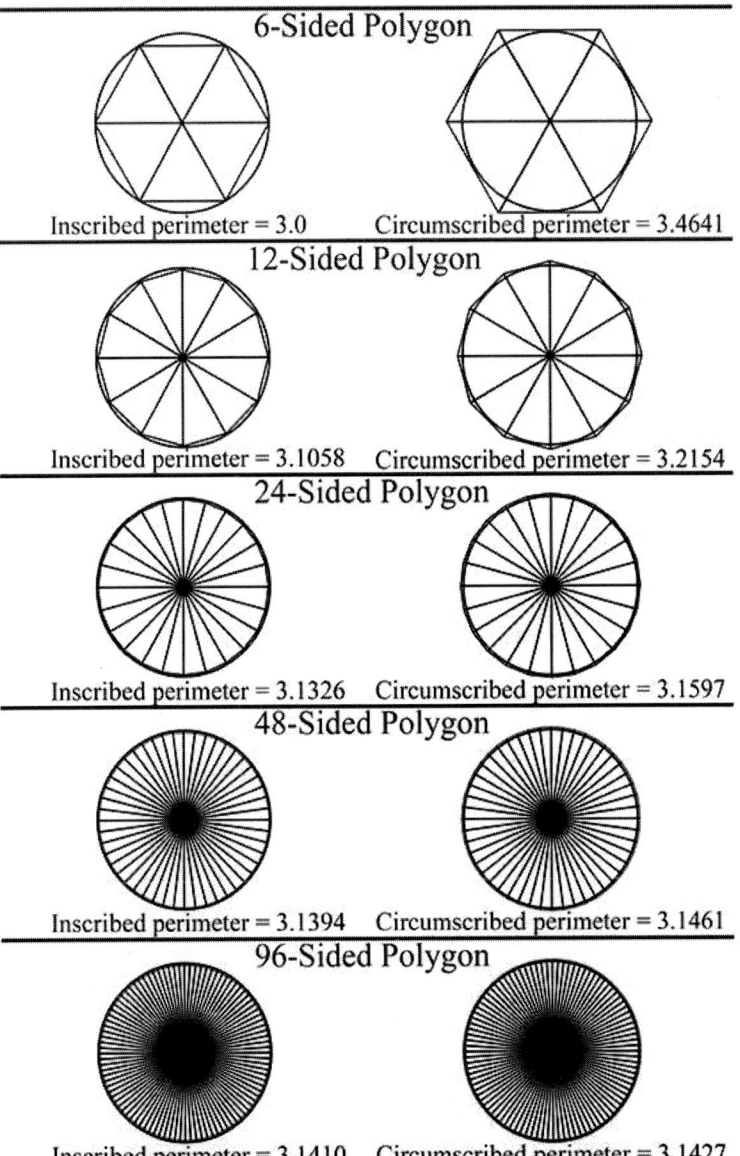

6-Sided Polygon
Inscribed perimeter = 3.0   Circumscribed perimeter = 3.4641

12-Sided Polygon
Inscribed perimeter = 3.1058   Circumscribed perimeter = 3.2154

24-Sided Polygon
Inscribed perimeter = 3.1326   Circumscribed perimeter = 3.1597

48-Sided Polygon
Inscribed perimeter = 3.1394   Circumscribed perimeter = 3.1461

96-Sided Polygon
Inscribed perimeter = 3.1410   Circumscribed perimeter = 3.1427

[성질 12-1]

다음 그림과 같이 두 원에 서로 닮은 두 오각형을 내접시키자. 이때 오각형ABCDE의 넓이와 오각형 FGHKL의 넓이의 비는 두 원의 지름의 제곱의 비와 같다.

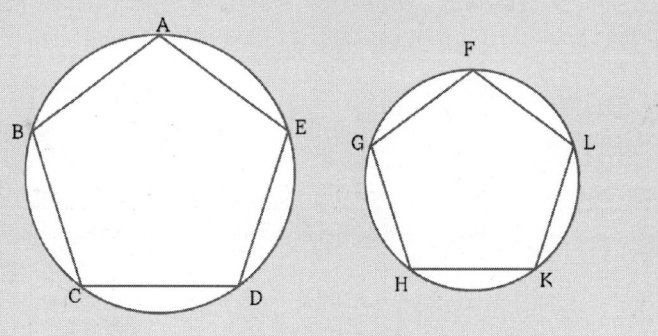

다음 그림과 같이 두 원의 지름을 그리자. 왼쪽 원의 지름은 BM이고 오른쪽 원의 지름은 GN이다.

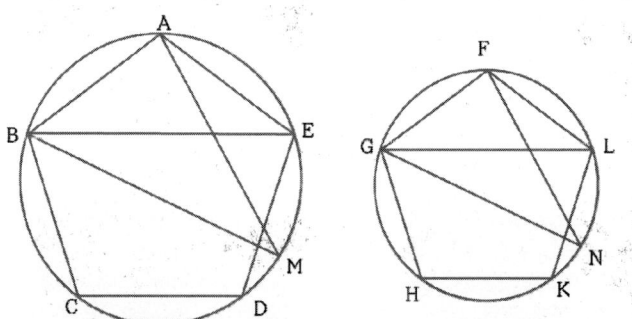

각 BAE와 각 GFL은 크기가 같고 이 각들을 끼고 있는 변들의 길이가 비례하므로 삼각형 AEB와 삼각형 FLG는 닮음이다. 그러므로

$$\angle AEB = \angle FLG$$

이다. 원주각의 크기가 같으므로

$$\angle AEB = \angle AMB$$

이고,

$$\angle FLG = \angle FNG$$

이다. 각 A와 각 F는 직각이므로 삼각형 ABM과 삼각형 FGN은 닮음이다. 따라서

$$BM : GN = BA : GF$$

이다. 따라서 오각형 ABCDE의 넓이와 오각형 FGHKL의 넓이의 비는

$$\text{오각형 ABCDE의 넓이} : \text{오각형 FGHKL의 넓이}$$

$$= BA^2 : GF^2$$

$$= BM^2 : GN^2$$

이 된다. 유클리드는 오각형의 예를 통해 다음과 같은 성질을 유추했다.

[성질 12-2]

두 원에 서로 닮은 두 다각형을 내접시키자. 이때 다각형의 넓이의 비는 두 원의 지름의 제곱의 비와 같다.

이 정리의 증명은 성질 12-1의 증명에서 변의 개수를 점점 늘여 나감으로 해결할 수 있다.

[성질 12-3]

두 원의 넓이의 비는 각각의 원의 지름의 제곱의 비와 같다.

두 원을 각각 C, C'라고 하고, 두 원의 넓이를 각각 X, X'이라고 하자. 두 원의 지름을 각각 d, d'이라고 하자. 이때

$$X : X' = d^2 : d'^2$$

을 증명하면 된다.

유클리드는 결론을 부정해 모순을 야기하는 귀류법을 이용해 이 성질을 증명했다. 결론을 부정해 보자.

$$X : X \neq d^2 : d'^2$$

라고 하면

$$X : S = d^2 : d'^2$$

인 S가 존재한다. 물론

$$S \neq X$$

이다. 이것을 두 가지 경우로 나누어 보자.

(경우1) $\qquad\qquad S < X$

원 C의 내부에 정다각형을 내접시키는 일을 계속해서

$$S < C \text{ 속의 정다각형의 넓이} < X$$

이 되게 한다. 원 C에 내접하는 정다각형과 닮음인 정다각형을 원 C에 내접시키자. 이때

$$C \text{속의 정다각형의 넓이} : C \text{ 속의 정다각형의 넓이} = d^2 : d'^2$$
$$= X : S$$

가 된다. 이 비례식은 다음 비례식과 같다.

C속의 정다각형의 넓이 : X = C속의 정다각형의 넓이 : S

가 된다. 그런데

$$C\text{속의 정사각형의 넓이} < X$$

이고,

$$C\text{속의 정사각형의 넓이} < S$$

가 된다. 이것은

$$C\text{속의 정사각형의 넓이} > S$$

라는 사실과 모순이 된다. 그러므로

$$S < X$$

는 성립하지 않는다.

(경우2) $\qquad S > X$

이 경우

$$d^2 : d'^2 = X : S$$

또는

$$d'^2 : d^2 = S : X$$

이다. 여기서

$$S : X = X : T$$

라고 하자. $S > X$이므로 $X > T$이다. 따라서

$$d'^2 : d^2 = X : T$$

이고 $T < X$이다. 경우1과 마찬가지로 이것은 불가능하다.

그러므로 $S > X$는 불가능하다. 경우1과 경우2의 결론으로부터 $S \neq X$는 불가능하다. 그러므로 $S = X$이 되고,

$$X : X' = d^2 : d'^2$$

이 성립한다.

누구나 읽을 수 있는
유클리드 기하학원론 Ⅲ

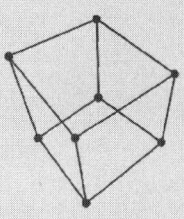

제13권

황금분할과 정다면체

13-1 황금분할

그리스 사람들은 황금분할에 관심이 많았다. 다음 그림을 보자.

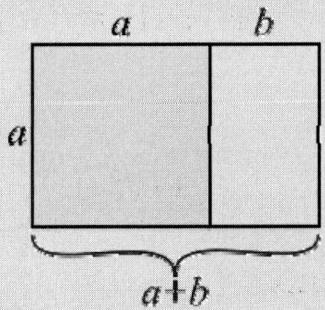

위 직사각형의 가로의 길이는 $a+b$이고 세로의 길이는 a이다. 이때 가로의 길이를 $a:b$로 분할 하는데

$$\frac{a+b}{a}=\frac{a}{b}$$

가 되도록 분할하는 것을 황금분할이라고 부른다. 이 비를 황금비라고 하고 t라고 쓰면

$$\frac{a+b}{a}=\frac{a}{b}=t$$

가 된다. 즉

$$a=bt$$

이므로

$$\frac{t+1}{t}=t$$

가 되어,

$$t^2-t-1=0$$

가 된다.
이 식을 풀면

$$t=\frac{1\pm\sqrt{5}}{2}$$

가 되는데, t는 양수이므로

$$t=\frac{1+\sqrt{5}}{2}$$

가 된다. 황금분할에서 긴 쪽의 길이를 a로 택하면

$$a = tb$$

가 된다.

그리스 사람들의 황금분할은 오각별에서도 나타난다. 다음 그림과 같이 정오각형속에 오각별을 그려라.

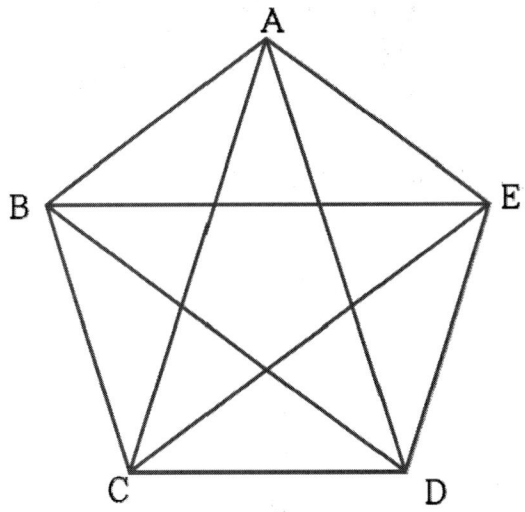

이때

$$BE : AE = t : 1$$

로 황금분할된다. 이것을 간단하게 증명해보자. 다음 그림과 같이 점 F, G, H를 나타내자.

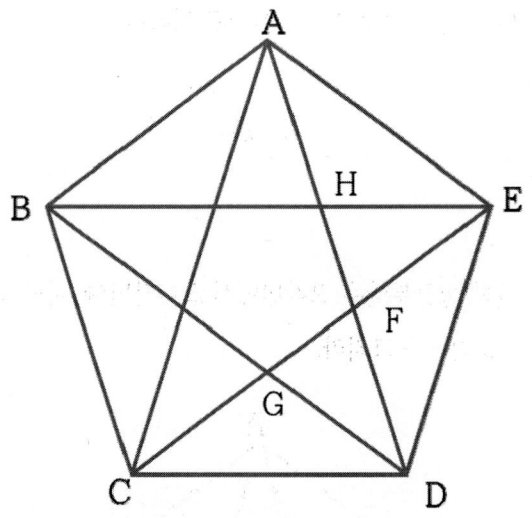

삼각형 BDE와 삼각형 AFE가 닮음이므로

$$BE : BG = AE : EF$$

이다. 한편

$$BG = AE = BH,$$
$$EH = EF$$

이므로

$$BE = BH + EH$$
$$= BG + EF$$

이다. 그러므로

$$AE^2 = BE(BE - AE)$$

가 된다. 이제

$$BE = tAE$$

라고 두면

$$t^2 - t - 1 = 0$$

가 성립한다.

그리스 사람들의 황금분할의 개념은 훗날 피보나치 수열을 통해 재확인되었다. 피보나치 수열을

$$F_0, F_1, F_2, \cdots$$

라고 하면 피보나치 수열의 점화식은

$$F_{n+2} = F_n + F_{n+1} \quad (1)$$

이 된다. 피보나치수열을 3항 점화식을 가진 수열이므로 처음 두 개의 항을 알아야 모든 항을 계산할 수 있다. 그래서 피보나치 수열에는 다음과 같은 조건을 걸어준다.

$$F_0 = 0$$
$$F_1 = 1$$

피보나치 수열을 차례로 써보면 다음과 같다.

$$0, 1, 1, 2, 3, 5, 8, 13, 21, 34, 55, 89, 144, ...$$

식(1)을 자세히 들여다 보면 F_n이 r^n 꼴일 때 적당한 r값에 대해 식(1)이 만족된다는 것을 알 수 있다. 예를 들어 F_n의 자리에 r^n을 넣어보면

$$r^{n+2} = r^n + r^{n+1}$$

이 된다. 이 식의 양변을 r^n으로 나누면

$$r^2 = r + 1$$

또는

$$r^2 - r - 1 = 0 \quad (2)$$

이 된다. 그러니까 두 개의 r값에 대해서 식 (1)이 성립한다. 근의 공식을 쓰면 다음과 같이 두 개의 근을 구할 수 있다.

$$r_1 = \frac{1+\sqrt{5}}{2}$$

또는

$$r_2 = \frac{1-\sqrt{5}}{2}$$

이때 F_n은 다음과 같이 쓸 수 있다.

$$F_n = ar_1^n + br_2^n \quad (3)$$

여기서 a, b는 상수인데 $F_0 = 0$와 $F_1 = 1$으로부터 결정할 수 있다. 이제 두 개의 r값중에서 r_1을 t라고 쓰면

$$t = \frac{1+\sqrt{5}}{2}$$

이 된다. 이때, 두 번째 근은

$$r_2 = 1 - t$$

이 되고,

$$t^2 = t + 1$$

을 만족한다. 그러니까 피보나치 수열의 일반항은 다음과 같이 쓸 수 있다.

$$F_n = at^n + b\left(-\frac{1}{t}\right)^n \quad (5)$$

a, b는 $F_0 = 0$와 $F_1 = 1$을 이용하면 구해진다.

$$0 = a + b \quad (6)$$

$$1 = at - \frac{b}{t} \quad (7)$$

이 된다. (6)에서 $b = -a$이니까 (7)은

$$1 = a\left(t + \frac{1}{t}\right)$$

가 되어,

$$a = \frac{1}{\sqrt{5}},$$

$$b = -\frac{1}{\sqrt{5}}$$

가 된다. 그러니까 피보나치 수열의 일반항은

$$F_n = \frac{1}{\sqrt{5}}\left[t^n - \left(-\frac{1}{t}\right)^n\right] \quad (8)$$

가 된다. 이때

$$\lim_{n \to \infty} \frac{F_{n+1}}{F_n} = t$$

가 되는데 이것이 그리스 사람들이 찾았던 황금비이다.

[성질 13-1]

다음 그림을 보라.

여기서 점 C는 선분 AB를 황금분할하는 점이고 AC > BC이다. 이때

$$AC^2 = BC \times AB$$

이 성립한다.

AC = a, CB = b라고 하면

$$a = tb$$

이고

$$t^2 = t + 1$$

이다. 그러므로

$$AC^2 = t^2 b^2 = (1+t)b^2 = b \times (b+a)$$
$$= BC \times AB$$

이다.

> **[성질 13-2]**
>
> 점 C는 선분 AB를 황금분할하는 점이고 AC > BC이라고 하자. 이때
>
> $$\left(AC + \frac{1}{2}AB\right)^2 = \frac{5}{4}AB^2$$
>
> 이다.

$AC = a$, $CB = b$라고 하면

$$a = tb$$

이고

$$t^2 = t + 1$$

이다.

이때,

$$\left(AC + \frac{1}{2}AB\right)^2 = \left(a + \frac{a+b}{2}\right)^2$$

$$= \frac{b^2}{4}(9t^2 + 6t + 1)$$

$$= \frac{b^2}{4}(5t^2 + 5 + 4(t^2 - 1) + 6t)$$

$$= \frac{b^2}{4}(5t^2 + 5 + 4t + 6t)$$

$$= \frac{5b^2}{4}(t+1)^2$$

$$= \frac{5}{4}\text{AB}^2$$

이 성립한다.

[성질 13-3]

점 C는 선분 AB를 황금분할하는 점이고 AC > BC이라고 하자. 이때

$$AB^2 + BC^2 = 3AC^2$$

이다.

AC = a, CB = b라고 하면

$$a = tb$$

이고

$$t^2 = t + 1$$

이다.
이때,

$$AB^2 + BC^2 = (a+b)^2 + b^2$$
$$= (t+1)^2 b^2 + b^2$$
$$= (t^2 + 2t + 2)b^2$$
$$= (3t^2 - 2(t^2 - t - 1))b^2$$
$$= 3(tb)^2$$
$$= 3AC^2$$

이 된다.

[성질 13-4]

반지름이 r인 원에 내접하는 정십각형의 한 변의 길이는

$$\frac{r}{2}(\sqrt{5}-1)$$

이다.

다음 그림을 보자.

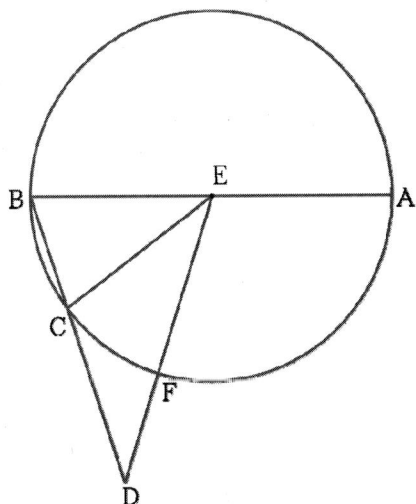

이 그림에서 E는 원의 중심이다. 이때 BC가 정십각형의 한 변의 길이를 나타낸다고 하자. 그리고 CD는 원의 반지름과 같은 길이이다. 이때 삼각형 EBC와 삼각형 DBE는 닮음이다. 그러므로

이므로
$$DB : BE = EB : BC$$

$$EB^2 = DB \cdot BC$$
가 된다. 한편, EB = CD이므로

$$CD^2 = DB \cdot BC$$
이다. 그러므로 C는 선분 BD를 황금분할하는 점이고,

$$CD > BC$$
이다. 그러므로

$$CD = tBC$$
또는

$$CD = \left(\frac{\sqrt{5}+1}{2}\right)BC$$
이므로 정십각형의 한 변의 길이는

$$BC = \frac{r}{2}(\sqrt{5}-1)$$
이 된다.

[성질 13-5]

반지름이 r인 원에 내접하는 정오각형의 한 변의 길이는

$$\frac{r}{2}\sqrt{10-2\sqrt{5}}$$

이다.

다음 그림을 보라.

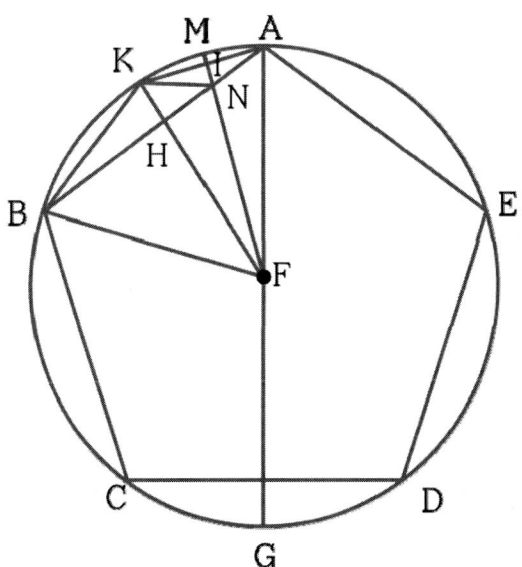

위 그림을 설명해보자. 위 그림에서 AG는 원의 지름이다. 이때 F는 원의 중심이고 H는 F에서 선분 AB로의 수선의 발이다. 선분 FH의 연장선이

원과 만나는 점을 K라고 하고 선분 AK와 선분 KB를 그린다. 점 F에서 선분 AK로의 수선의 발을 I라고 하고 선분 FN의 연장선이 원과 만나는 점을 M이라고 하고 선분FI과 선분 AB의 교점을 N이라고 한다.

이때 우리는 다음 두 사실을 알 수 있다.

 (1) 삼각형 ABF와 삼각형 FBN은 닮음이다.
 (2) 삼각형 ABK와 삼각형 AKN은 닮음이다.

(1)로부터

$$AB : BF = BF : BN$$

이므로

$$BF^2 = AB \cdot BN \quad (3)$$

이 된다. (2)로부터

$$AB : AK = AK : AN$$

을 얻고 이를 정리하면

$$AK^2 = AB \cdot AN \quad (4)$$

을 얻는다. 두 식 (3, 4)을 더하면

$$AB \cdot BN + AB \cdot AN = BF^2 + AK^2$$

이 되고,

$$BN + AN = AE$$

이므로

$$AB^2 = BF^2 + AK^2$$

이 된다.

여기서

$$BF = r$$

이고

$$AK = \frac{r}{2}(\sqrt{5} - 1)$$

이므로

$$AB = \frac{r}{2}\sqrt{10 - 2\sqrt{5}}$$

이 된다.

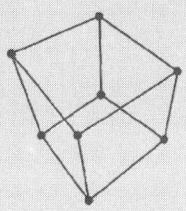

누구나 읽을 수 있는
유클리드 기하학원론Ⅲ

13-2 정다면체

정다면체 중 정사면체, 정육면체, 정십이면체는 피타고라스가 발견했고 나머지 두 개는 플라톤의 친구인 테아에테투스(Theaetetus)가 발견했다. 플라톤은 엠페도클레스의 4원소의 모양을 네 개의 정다면체에 대응시켰다. 그는 흙은 정육면체, 공기는 정팔면체, 물은 정이십면체, 불은 정사면체에 대응시켰다.

플라톤은 불이 내뿜은 열기가 매우 날카롭고 찌를 듯하기 때문에 정사면체 모양이라고 생각했고, 물은 작은 공모양에 가깝기 때문에 정다면체 중에서 가장 공모양이 가까운 정이십면체로 묘사했고, 단단한 흙은 정육면체로 공기는 정팔면체로 묘사했다. 즉, 4원소의 성질과 가장 잘

어울리는 정다면체가 4원소의 모습이 되어야 한다고 생각했다. 그리고 플라톤은 정십이면체가 별들을 이루는 새로운 원소라고 생각했다. 모호하게 "천국의 별자리들을 정렬시킨다.."라고 언급했다.

이제 정다면체가 왜 5종류뿐인지 알아보자. 다음과 같이 세 개의 직선이 만나는 경우를 보자.

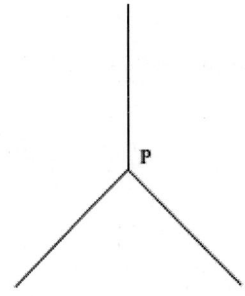

세 개의 직선이 꼭지점 P에서 만났다. 이때 직선들이 이루는 각은 모두 120°이고 세 각을 모두 더하면 360°가 된다. 360°는 평면을 한 바퀴 돌 때의 각도이다. 그러니까 이 직선은 평면에 놓이게 되니까 점 P를 꼭지점으로 하는 입체도형은 만들어지지 않는다. 다음 그림을 보자.

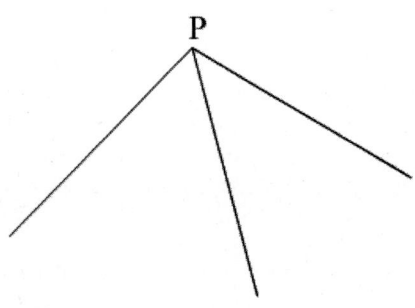

이러면 입체도형이 만들어진다. 이렇게 한 꼭지점에서 만나는 다각형들의 내각의 합이 360°보다 작을 때만 입체도형이 만들어진다. 먼저 정삼각형으로 이루어진 정다면체는 어떤 것들이 있는지를 알아보자. 정삼각형의 한 내각의 크기는 60°이다. 그러니까 한 점에 정삼각형이 3개 모이면 내각의 합은

$$3 \times 60° = 180° < 360°$$

이므로 한 점에 정삼각형이 세 개 모인 정다면체는 만들어진다. 이것이 바로 정사면체이다.

한 점에 정삼각형이 네 개 모이면 내각의 합은

$$4 \times 60° = 240° < 360°$$

이므로 한 점에 정삼각형이 네 개 모인 정다면체도 가능하다. 이게 바로 정팔면체이다.

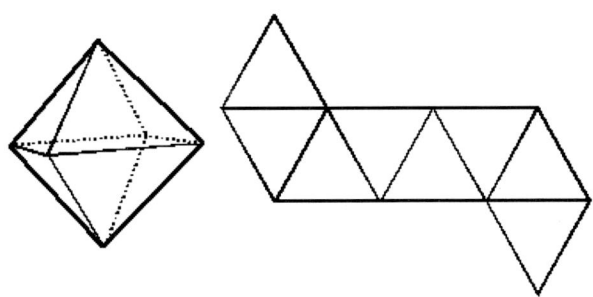

마찬가지로 한 점에 정삼각형이 다섯 개 모이면 내각의 합은

$$5 \times 60° = 300° < 360°$$

이므로 한 점에 정삼각형이 다섯 개 모인 정다면체는 만들어진다. 이것이 정십이면체이다.

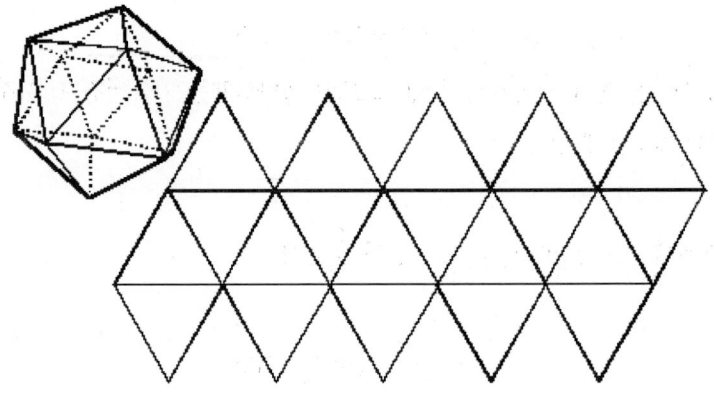

한 점에 정삼각형이 6개 모이면 내각의 합이 $6 \times 60° = 360°$ 가 되어 정다면체가 만들어지지 않는다. 같은 이유로 한 점에 정삼각형이 7개 이상 모인 정다면체는 존재하지 않는다.

한 점에 정사각형이 모인 정다면체를 찾아보자. 정사각형의 한 내각의 크기는 $90°$ 이니까, 한 점에 정사각형이 세 개 모이면 내각의 합은

$$3 \times 90° = 270° < 360°$$

이므로 한 점에 정사각형이 세 개 모인 정다면체는 만들어진다. 이것이 바로 정육면체이다.

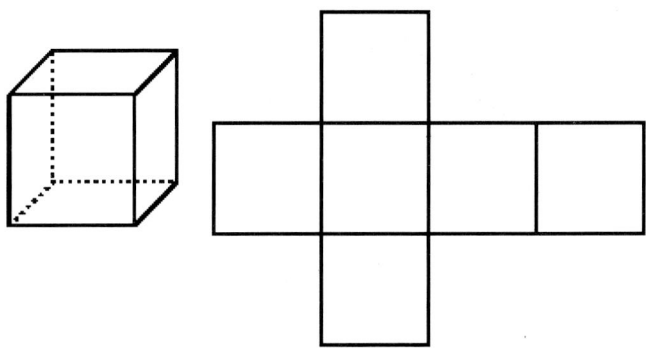

한 점에 정사각형이 네 개 모이면 내각의 합은

$$4 \times 90° = 360°$$

가 되므로 이런 입체도형은 만들어지지 않는다. 그러므로 정사각형으로 만들 수 있는 입체도형은 정육면체 하나뿐이다.

이제 정오각형으로 만들 수 있는 정다면체를 살펴보자. 정오각형의 한 내각의 크기는 108°이므로 한 점에 정오각형 세 개가 모이면 내각의 합은

$$3 \times 108° = 324° < 360°$$

가 되어 한 점에 정오각형이 세 개 모이는 정다면체는 만들어진다. 이것이 정십이면체이다.

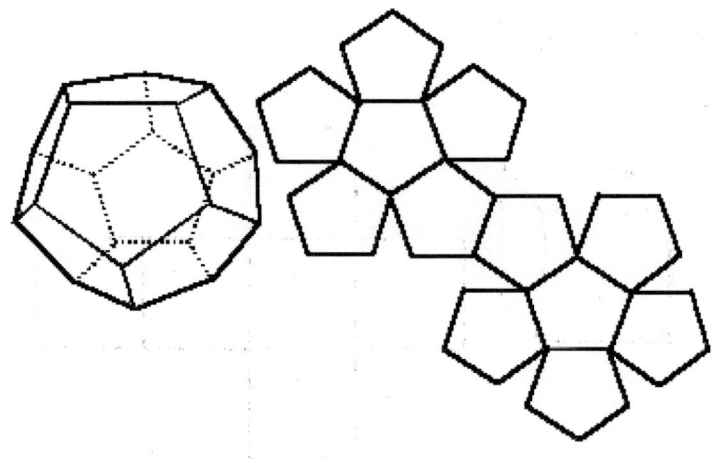

정오각형이 한 점에 네 개 모이면 내각의 합은 4 × 108°= 432°가 되어 360°보다 커지므로 이런 입체도형은 만들어지지 않는다. 그러므로 정오각형으로 만들 수 있는 정다면체는 정십이면체 하나뿐이다.

정육각형의 한 내각의 크기는 120°이므로 한 점에 정육각형 세 개가 모이면 내각의 합은 3 × 120°= 360°이 되어 입체도형이 만들어지지 않는다. 그러므로 한 면이 정육각형인 정다면체는 없다. 같은 이유로 정칠각형, 정팔각형, … 은 한 내각의 크기가 120°보다 커지므로 이런 도형들이 한 점에 세 개 모이면 각이 360°보다 커지게 되어 입체도형을 만들 수 없다. 그러므로 정다면체는 지금까지 구한 다섯 개뿐이다.